達克比辦案 5

救救昏倒羊

動物的假死和擬傷

文 胡妙芬　　圖 彭永成

漫畫協力 柯智元

親子天下

課本像漫畫書 童年夢想實現了

臺灣大學昆蟲系名譽教授、蜻蜓石有機生態農場場長 **石正人**

看漫畫，看卡通，一直是小朋友的最愛。回想小學時，放學回家的路上，最期待的是經過出租漫畫店，大家湊點錢，好幾個同學擠在一起，爭看《諸葛四郎大戰魔鬼黨》，書中的四郎與真平，成了我心目中的英雄人物。我常看到忘記回家，還勞動學校老師出來趕人，當時心中嘀咕著：「如果課本像漫畫書，不知有多好！」

拿到【達克比辦案】系列漫畫書稿，看著看著，竟然就翻到最後一頁，欲罷不能。這是一本將知識融入漫畫的書，非常吸引人。作者以動物警察達克比為主角，合理的帶讀者深入動物世界，調查各種動物世界的行為和生態，透過漫畫呈現很多深奧的知識，例如擬態、偽裝、共生、演化等，躍然紙上非常有趣。書中不時穿插「小檔案」和「辦案筆記」等，讓人覺得像是在看CSI影片一樣的精采，而很多生命科學的知識，已經不知不覺進入到讀者腦海中。

真是為現代的學生感到高興，有這麼精采的科學漫畫，也期待動物警察達克比，繼續帶領大家深入生物世界，發掘更多、更新鮮的知識。我相信，有一天達克比在小孩的心目中，會像是我小時候心目中的四郎和真平一般。

我幼年期待的夢想：「如果課本像漫畫書」，真的是實現了！

從故事中學習科學研究的方法與態度

臺灣大學森林環境暨資源學系教授與國際長 **袁孝維**

【達克比辦案】系列漫畫圖書趣味橫生，將課堂裡的生物知識轉換成幽默風趣的漫畫。主角是一隻可以上天下海、縮小變身的動物警察達克比，他以專業辦案手法，加上偶然出錯的小插曲，將不同的動物行為及生態知識，用各個事件發生的方式一一呈現。案件裡的關鍵人物陸續出場，各個角色之間互動對話，達克比抽絲剝繭，理出頭緒，還認真的寫了「我的辦案心得筆記」。書裡傳達的不僅是知識，而是藉由說故事的過程，教導小朋友如何擬定假說、邏輯思考、比對驗證等科學研究方法與態度。不得不佩服作者由故事發想、構思、布局，再藉由繪者的妙手，生動活潑呈現的高超境界了。

作者是我臺大動物所的學妹胡妙芬，有豐厚的專業背景，因此這一系列的科普漫畫書，添加趣味性與擬人化，讓小朋友在開心快樂的閱讀氛圍裡，獲得正確的科學知識，在大笑之餘，收穫滿滿。

在超有趣的漫畫故事認識真實動物行為

金鼎獎科普作家 **張東君**

假如去鬼屋玩時，真的有「人」被嚇死，周圍的人一定嚇壞了吧！而對警察來說，當詢問周圍目擊者時，卻又接二連三的出現死人，應該更是個噩夢吧！但是接下來，萬一「死人」在眼前復活了，這可怎麼辦呢？

如果那是「人類」，事情就大條了。不過由於故事裡的「死者」是負鼠，所以完全沒問題，因為負鼠在遇到危險時是會假死的，而且為了要讓自己的「死亡」變得逼真，不但口吐白沫、動也不動，甚至還會發出屍臭。大自然實在很神奇吧！

其實不只是負鼠會假死，有不少其他的動物也會喔！可惜假死的招數有時有用，有時失效，就像人類要是在野外遇到熊，即使假死也沒有用。所謂招數，就是要「見招拆招」，而不是「以不變應萬變」呢！就像這樣，各種動物的特殊行為在作者妙妙的筆下，就成了一篇篇引人入勝的故事；再加上有趣的漫畫，讓大家在看得開心之餘也能夠記得清楚，對動物也有更深的認識。而且不只是少年讀者，不論各個年齡層的讀者，也都能從書中獲得閱讀的樂趣。達克比，真的是大家的好朋友喔！

讓孩子主動央求閱讀的動物科普好書

資深國小老師、教育部101年度閱讀磐石個人獎得主 **林怡辰**

長期推行閱讀，發現孩子對於科普興趣缺缺，自然課裡如果只是畫線牢記，將喪失最珍貴的好奇心，對我們周遭的蟲魚鳥獸也漠不關心，更別說培養動物保育和生態平衡的觀點態度。但若透過有趣輕鬆的漫畫，加上懸疑偵探情節，讓孩子在濃濃閱讀興趣中，隨著情節推移，說明案子關鍵原來是動物令人驚嘆的行為，也讓探求知識、了解動物變成這麼興趣盎然的一件事，豈不妙哉？

【達克比辦案】就是這樣一套難能可貴的科普好書。科普的難處，在於知識密度大；漫畫的詬病在於，輕鬆的部分沖淡了許多知識點，讓孩子只記得搞笑的片段。但【達克比辦案】這一系列漫畫書，是國內知名的動物科普作家胡妙芬所寫，平易近人、循序漸進，從孩子到大人都能讀得津津有味。

書海遼闊，我常覺得有些書看過不必擁有，但這套用心的動物科普漫畫，讓孩子了解知識本身就有趣味，誠心推薦購入啊！

目錄

鴨嘴獸「達克比」是一個動物警察，
駐守在河邊的小木屋派出所。

達克比的任務裝備

達克比，游河裡，上山下海，哪兒都去；
有愛心，守正義，打擊犯罪，他跑第一。

猜猜看，他會遇到什麼有趣的動物案件呢？

微笑警徽
希望天下太平、世界大同。

嘴
扁嘴巴，沒有牙，
最恨被看做鴨子嘴。

潛水鏡
為了耍帥，隨時戴著。

紅領巾
熱愛紅色，
代表滿腔的熱血。

警用背包
裡面什麼都有，
出門辦案時還能順
便帶乖乖和點心。

生物縮小糖
最新科技，
吃一顆，
身體就能縮小。

霹靂腰帶
水桶腰，繫起來
勉勉強強。

尾巴
又寬又扁，
適合在水中快速游泳。

警棍
用來打擊犯罪，
偶爾也拿來打打棒球。

皮毛
毛皮厚，可防水，
游泳時就像穿著潛水裝。

鬼屋驚魂

走走走，我們去玩那個……

快快快，這個看起來好好玩！

奇怪，有人回報在遊樂園看見逃犯「尤達」……

嘿嘿嘿……

哈哈哈……

恐怖鬼屋

監獄逃犯怎麼可能躲在這麼熱鬧的地方？

救命啊～

是誰？！

好恐怖～

別過來～

啊～

……

原來是鬼屋呀，難怪……

媽呀～

啊啊～

哇～

北美負鼠小檔案

姓 名	北美負鼠
分 布	北美洲、中美洲
特 徵	負鼠是古老的有袋類動物，經常把幼兒背負在背上，所以才被稱為「負鼠」，或是「負子鼠」。牠的大小像貓，食性廣、適應力強，經常在人類的城鎮出沒。卡通裡常把負鼠畫成可以用尾巴捲住樹枝，倒掛在樹枝上；但實際上，成年負鼠的尾巴，沒有足夠的力氣吊起自己，只有負鼠寶寶偶爾會這麼做。
被害情節	參觀鬼屋時，離奇死亡

：奇怪，怎麼小負鼠才剛死，屍體就發臭了？

：山羊老師，告訴我究竟是怎麼一回事？

：我也不知道。我帶同學們來畢業旅行，剛才，大家還興奮的大聲尖叫，沒想到一轉眼，負鼠已經死在地上，全身僵硬、口吐白沫，還發出腐爛的臭味！真令人難過，我已經通知他的家長。

負鼠媽媽說她很快就到⋯⋯

來了來了，小負鼠的媽媽。

我的寶貝！

負鼠媽媽，您聽我解釋⋯⋯

小負鼠他一到鬼屋就⋯⋯

16 動物的假死和擬傷

糟糕！
媽媽也死了？！

：我當警察這麼久，從沒遇過這種情形，實在太離奇了！

：孩子和媽媽接連倒地、死亡。難道……這鬼屋裡有什麼恐怖詛咒？

：老師你別亂猜。這其中一定隱藏著線索，只要我們仔細推敲，一定能找到原因！

第一件事就是把工作人員召集過來，一個一個問清楚！

......

倒

現場所有人員，請注意……

你看，那邊！

怎麼會這樣……

!!!

：山羊老師，您先帶孩子們到安全的地方好了。法醫很快就會到，他會仔細檢查屍體，幫助警察找到破案關鍵。

：說人人到，法醫來了，他已經戴上手套，正在檢查小負鼠的屍體。

：太好了，我現在最需要的，就是法醫的專業知識，找出他們的死因。

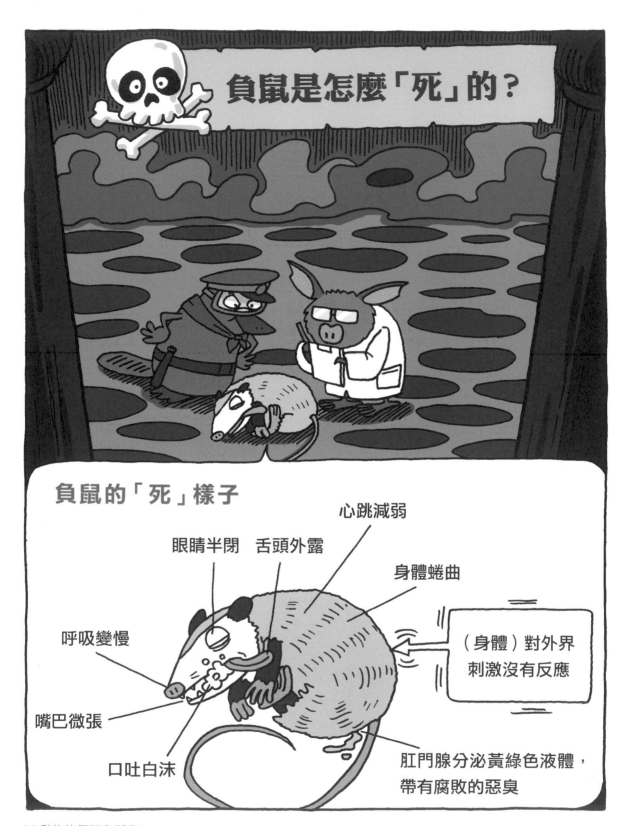

負鼠是怎麼「死」的?

負鼠的「死」樣子

- 眼睛半閉
- 舌頭外露
- 心跳減弱
- 身體蜷曲
- 呼吸變慢
- 嘴巴微張
- 口吐白沫
- (身體)對外界刺激沒有反應
- 肛門腺分泌黃綠色液體,帶有腐敗的惡臭

負鼠的「死」狀，在動物世界可是赫赫有名。牠們口吐白沫、死狀淒慘、全身僵硬，還會發出陣陣屍臭。

不過如果仔細檢查，會發現不少奇怪的疑點，像是負鼠才「剛死」，身體明明還沒腐爛，卻已經發出惡臭。而且，牠們還有呼吸、心跳，大腦活動也很活躍，這是怎麼一回事？

讓我們繼續看下去。

：我沒死！只是受到一點小驚嚇。老師呢？老師和同學們都去哪兒啦？

：你明明口吐白沫，還發出屍臭！我們還找了法醫來檢查你們的死亡原因。

：不好意思。這從頭到尾全是一場誤會。不但我沒死，我的小寶貝也活得好好的。

：他也沒死？你怎麼知道？

：這是我們負鼠的本能──「假死」行為，你聽我解釋……

：我們負鼠很弱小，遇到強敵時，打架不容易贏。所以，每當我們受到驚嚇或快被吃掉的時候，就會倒下不動，讓敵人以為我們死了。我們的肛門還會流出黃綠色的液體，散發腐爛的臭味，讓不吃屍體的天敵放棄吃掉我們。

 ：原來，你們從頭到尾都在「裝死」！連警察也騙，我要告你妨害公務！

 ：真的很抱歉。我們是裝的沒錯，但是我們沒辦法控制！只要驚嚇夠大，我們的身體就會分泌特殊物質，自動引發各種死亡的假象，這是祖先遺傳給我們的保命絕招，希望你可以體諒。

噁，吃爛肉會生病，還是別吃了！

死掉的獵物放久了，肉會變得不新鮮，也會產生很多病菌，所以很多動物都喜歡吃活的獵物；但也有些動物專門吃腐屍，像禿鷹、鬣狗等，屬於「腐食性動物」。

假死的用處

　　假死，又稱為「裝死」；除了負鼠以外，魚類、鳥類、昆蟲、蛙類和蛇類之中，都有不少「假死」高手。牠們裝死的目的，大部分是為了讓敵人不想吃掉牠們，少數則是為了引來獵物（見 49 頁），或是在求偶時能夠順利交配（見 92 頁）。

　　在舞台上，有些魔術師會故意引發小動物的假死狀態，讓觀眾以為「動物被催眠了！」

安息吧～安息吧～

另外，像檸檬鯊的研究人員，會故意把檸檬鯊翻過來，讓牠們「假死」，這樣做實驗的時候，就不需要冒險幫檸檬鯊打麻醉藥。

乖！等我實驗做完再醒來喔！

也有人曾經抓住鯊魚的尾巴，讓鯊魚進入假死狀態以後，再拿鉗子幫鯊魚拔掉嘴裡的金屬釣鉤，成功救了鯊魚一命。

我來救你，不要動！

喂！喂！
小負鼠！

別裝了，起來！

危機都解除了，
還要裝死到什麼
時候？

等他體內引起假死
的化學物質消退了，
就會醒來。你現在
就算咬他也沒用。

負鼠假死從幾分鐘到三、四個小時都有
可能。當牠們假死時，就算被抓、
被戳，甚至被咬，身體都不會動，
但是頭腦保持清醒。

哼！裝死裝得這麼逼真，
可以去當演員了……

嗯？可是，萬一遇到愛吃屍體的敵人不就沒效了……？

那只好算我們倒楣……

「假死」這招有時有用，有時無效。

所以，不到最後關頭，我們不會隨便裝死！

負鼠會先齜牙咧嘴嚇走敵人。如果敵人還繼續攻擊，甚至抓住負鼠時，負鼠才會假死。

嘶

嘶

警察先生，請過來一下。

假死也會「弄假成真」

「假死」這一招本來是用來救命的。但是運氣不好的時候，也會出現反效果，讓動物真的死掉。

例如，當負鼠快被車子撞上時，牠們受到驚嚇會馬上「假死」，倒在路中間，結果反而被車子壓扁。

所以，開車時如果看見路上有負鼠，應該遠遠的就停下來，讓牠們通過，免得有更多負鼠變成馬路亡魂。

……

你說第三個
是裝的？

我早知道啦！
負鼠媽媽解釋了，
跟負鼠一樣嘛！

不一樣！

咚

負鼠「假死」的時候，
心跳、呼吸都會減慢。
可是，我剛才檢查裝鬼的
那位……

我的辦案心得筆記

報案人：山羊老師

報案原因：北美負鼠進入鬼屋後離奇死亡

調查結果：

1. 北美負鼠遇到危險或巨大的驚嚇時，體內會分泌特殊物質，引起「假死」來保護自己。在假死時，就算被戳、抓、咬，都不會醒，時間從幾分鐘到數小時不等。

2. 北美負鼠假死時，肛門腺會分泌黃綠色的液體，發出腐爛的惡臭，讓敵人放棄吃掉負鼠。

3. 小負鼠裝死的演技逼真。畢業以後，不但成為實力派童星，還獲得奧斯卡「最佳裝死」獎。

虛驚一場

調查心得：

假死有兩種，一種是真的，一種是假的；
裝死也有兩種，一種是裝的，一種不是裝的。

哎呀，原來是警察大人，失敬、失敬！

不過，難道最近流行戴著絲襪辦案嗎？嘻嘻嘻嘻……

：有人報案，說在這個黑暗的湖底，有許多「殭屍」出沒，今天我來，想找道長幫忙。

：殭屍！嘿嘿，天上地下什麼鬼怪我都見過，其中，殭屍最噁心了。

：目擊者說，那些「魚殭屍」的身體，明明已經發黑、腐爛、平躺在湖底；但是只要發現小魚經過，他們就會跳起來追魚，甚至還把魚活活吞掉！

：嗯……這種凶惡的殭屍，一定要想辦法除掉，不然，被殭屍咬到的魚恐怕也會變成殭屍……

嗯？！

警察大人，您該不會是怕殭屍……，所以才要我陪你去壯膽吧！

警察也有害怕的時候嘛！我怕別人笑，所以才戴絲襪來找你。

請陪我去，拜託拜託～

？

刷

哼！

有錢就好辦事，
我們現在就去！

嗯～果然……

妖氣很重。

跟我來！我們
引出那些殭屍！

：前面的湖底好像躺著幾隻魚。

 ：沒問題，我們一起過去看看。嗯……，看起來像是死掉的慈鯛魚。不過，屍體都已經腐爛了，分不出來是哪一種。

 ：讓我游近一點看清楚！

 ：停！別靠太近！跟在我後面比較安全！

：就是你們啊！明明屍體都腐爛掉了，還會爬起來吃魚，你們不是殭屍，是什麼？

：哈哈哈，我們老愛「裝死」是真的，可是會叫我們「殭屍」？倒是第一次聽到呢！

：什麼？搞了半天，你們不是真死，只是裝的？

：唉喲，這是我們捕魚來吃的一種技巧。我們故意平躺在水底，裝成腐爛的死屍，就能把愛吃腐肉的小魚吸引過來，接著就可以快速的「復活」，跳起來吃魚！所以我們的名字「睡慈鯛」，就是這麼來的！

要吃魚幹嘛不好好去抓，這樣裝神弄鬼的，害我嚇得半死！

睡慈鯛小檔案

姓 名	睡慈鯛（正式名稱為「利氏雨麗魚」）
分 布	非洲馬拉威湖
特 徵	屬於慈鯛的一種。捕魚時，身體呈現黑白斑紋，可以偽裝成腐爛的屍體。但是不偽裝時，則會快速變色成藍色或金黃色。
習 性	是少數會利用「假死」捕捉獵物的動物。牠們會靜靜躺在水底，假裝成腐爛的魚屍，把小魚騙過來吃掉。
犯罪嫌疑	裝成「殭屍」嚇人

睡慈鯛的花紋，
天生就很像腐爛的魚屍體。

肚子好餓。

咕嚕～
咕嚕～

牠們準備捕魚前，
會先假裝死掉。

喔，我死了！
大家快來。

然後再靜靜的躺在水底，
遠看就像是腐爛的魚屍，
可以吸引小魚過來吃。

那裡有魚屍！

我們快
去吃！

等小魚靠過來的時候，
再趕快跳起來張嘴吃掉
小魚。

好可怕！
有殭屍！

納命來！

這你不懂，到處追魚要花掉很多能量。

我們才不願做這種傻事。

：「裝死」等待獵物輕鬆多了，只要等到獵物自己送上門來，再跳起來吃就好了。是你們自己嚇自己，把我們當成「殭屍」，真是少見多怪呢！

不是我們愛嚇自己。

是你們的偽裝太逼真，大家才會以為你們是真的屍體。

現在流行「喪屍妝」，我也來畫畫看！

……

？

畫好了！可怕嗎？

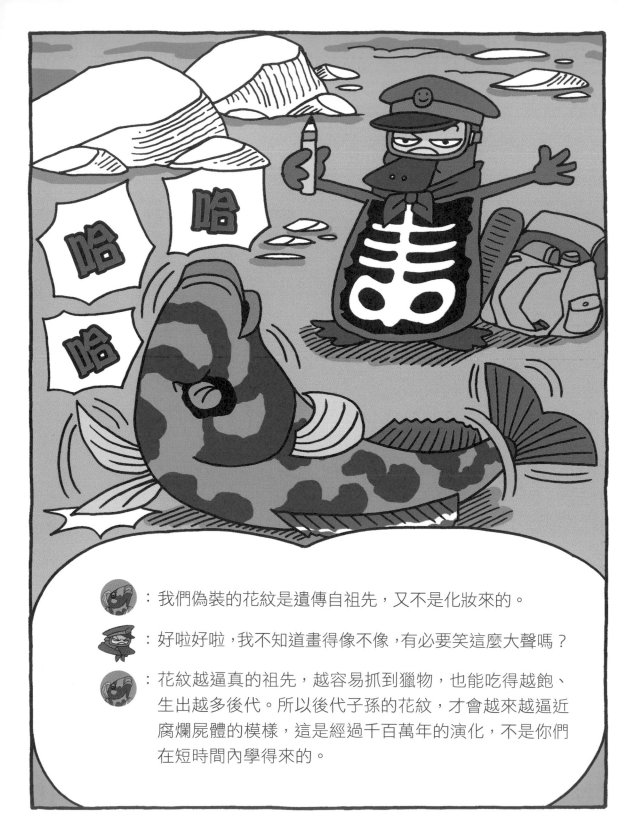

：我們偽裝的花紋是遺傳自祖先，又不是化妝來的。

：好啦好啦，我不知道畫得像不像，有必要笑這麼大聲嗎？

：花紋越逼真的祖先，越容易抓到獵物，也能吃得越飽、生出越多後代。所以後代子孫的花紋，才會越來越逼近腐爛屍體的模樣，這是經過千百萬年的演化，不是你們在短時間內學得來的。

生物演化的過程真令人讚嘆！

好吧！根本沒有什麼殭屍嘛。

我要去找鯰魚大師，請他把錢還給我，那可是我整整一個月的薪水。

我看那隻鯰魚凶多吉少，應該早就被吃了。

你怎麼知道？

因為鯰魚是底棲魚類，正是我們睡慈鯛愛吃的食物。

哪像你？差多了……

我……我……我哪裡差了？

本人長得白白胖胖！只要剔掉毛，灑點鹽，比那隻死愛錢的鯰魚好吃一萬倍！

欸？聽起來好像不錯……

我來試試新口味，你別跑！

我的辦案心得筆記

報案人：路人甲

報案原因：湖底出現魚殭屍

調查結果：

1. 湖底根本沒有「殭屍」，是偽裝成死屍的睡慈鯛，利用「假死」的技巧捕食小魚。

2. 睡慈鯛平常的體色主要是黑白花紋，但是遇到特殊狀況時，也會快速變成藍色或金黃色。

3. 動物「假死」，大部分是為了避免被天敵吃掉。像睡慈鯛這種利用假死來幫助捕食的例子，非常特殊。

4. 達克比在萬聖節舉辦「屍妝」派對，邀請睡慈鯛來參加。

調查心得：

天靈靈，地靈靈，鯰魚道長根本不靈（快還我錢）；
日明明，月明明，鴨嘴神探我才英明（殭屍退散）。

急急如律令

自以為是的羅賓漢

大家早！

？

你們剛剛報了案。慢慢說，發生什麼事情？

有一隻胖老鼠，老是破壞我們的好事！

對嘛！可惡死了！

老鼠？
請描述一下
他的特徵。

那傢伙，每次都打扮得像「羅賓漢」，自以為是英雄！

只要看到我們打開翅膀，
伏在地上……

唉喲～
我受傷囉……

我受傷囉
……

喔！不用謝我，
什～麼都不必說。

你的心我懂。
請記得我──
羅、賓、漢……

羅你個……

不，別想留我！

揮揮衣袖，
我不帶走一片
雲彩……

BYE！
美人，
後會有期！

這傢伙
每次都
這樣！

一定要把他
抓起來！

請幫幫
我們……

他的行為，已經對我們
燕鴴社區……

※（鴴：注音為「ㄏㄥˊ」）

走人囉！

造成傷害！！

警察先生，你怎麼
就走掉啦？

：這個「羅賓漢」明明在幫你們，你們還報警抓他？
太不夠意思了。

：他哪有幫我們?! 他是在幫倒忙！

：當你們翅膀受傷、飛不起來的時候，是他救走你們，
你們才不會被老鷹吃掉，怎麼算是幫倒忙呢？

：警察先生你誤會了，我們受傷是假裝的，目的是拿自己當誘餌，
引開天敵，免得巢裡的寶寶被抓走，這種行為叫「擬傷」。但
我們的巧思，都被他破壞了！

：什麼？擬傷？

擬傷行為

有些鳥類為了保護自己的蛋
或幼鳥，會在鳥巢以外的地
方，故意假裝受傷，目的是為
了把天敵引開，這種行為稱
為「擬傷」。

燕鴴小檔案

姓　名	燕鴴
體　型	身體大約 24 公分長
分　布	分布於澳洲及亞洲東、南部。夏天時會飛來臺灣繁殖；喜歡住在乾燥的農田、果園、河床，或是海岸附近的砂石地、荒地、沼澤地帶。
特　徵	喉部是漂亮的乳黃色，被一圈黑色的條紋圈起來。以昆蟲、魚、蜥蜴或種子為食。牠們的飛行技巧高超，動作像燕子，擅長捕食飛行中的昆蟲。
特殊才能	會利用「擬傷」行為，保護自己的蛋和幼兒。

擅長「擬傷」的鳥類

除了燕鴴以外，很多鳥都會假裝受傷來騙開天敵。像許多鴴科、鷸（注音為：ㄩˋ）科鳥類都和燕鴴一樣，喜歡在平坦、空曠的地方生蛋，牠們也都用「擬傷」的方法保護孩子。

例如臺灣常見到的東方環頸鴴和小環頸鴴，都是會「擬傷」的鳥類。

東方環頸鴴

小環頸鴴

我們燕鴴喜歡在空曠的平地產卵……

但平原上的遮蔽物少，蛋和寶寶沒地方藏，很容易被天上的猛禽看見……

馬麻，有老鷹來了！

沙沙沙………

所以我們只好假裝受傷，騙開天敵……

我受傷了！快來吃我！

希望他沒注意到孩子們……

:原來你們「擬傷」，是調虎離山之計。這一招聰明！當初是怎麼想到的啊？

:很簡單。通常，凶猛的動物捕食時，會先對老、病、受傷或年幼的獵物下手，因為他們跑得慢，最容易抓到。我們只是利用這種習性，假裝受傷，就能引開天敵。

:為了保護孩子，拿自己的命去冒險，你們燕鴴真偉大！

:沒有辦法。住在空曠地帶的缺點，就是很難找地方躲藏，不然誰要「擬傷」啊？哪天運氣不好，還是可能會被抓走的！

:我懂了。所以那位「羅賓漢」救走你們，很可能反而讓天上的老鷹，轉頭去吃你們的寶寶？我們應該找個機會，跟他好好溝通。

:沒有用的！那傢伙不聽別人說話，所以非得抓走他，我們燕鴴才安心。

燕鴴的擬傷三招

「擬傷」的動作必須非常逼真，否則很容易被天敵識破，失去保護效果。所以住在鄰近的燕鴴，經常好幾隻同時表演「擬傷」，進一步分散猛禽的注意力。牠們的動作維妙維肖，堪稱鳥類世界的「演技派」明星。

第一招

趴在地上，高舉其中一張翅膀，並重覆放下、舉高的動作，假裝單邊的翅膀受傷了。

第二招

蹲低身體，鼓起兩張翅膀用力拍地，假裝無法飛行。

第三招

當天敵已經靠近時，牠們會一邊拖著翅膀，一邊前進，故意把敵人引到離巢更遠的地方。

空曠環境的育兒法寶

　　鷸鴴科的鳥類，大部分棲息在水田、河岸、海岸、沼澤、廢棄荒地等空曠的環境，這裡有牠們愛吃的魚、蝦、貝類、昆蟲，非常適合牠們養育寶寶。

　　但是，空曠的環境常有強烈日晒，又容易被敵人看見，除了「擬傷」之外，鳥爸媽得用各種巧妙的方式，小心呵護自己的寶貝。

空曠處沒有遮蔭，在大太陽下非常炎熱，鳥爸媽孵蛋時會故意沾溼羽毛，幫鳥蛋降溫。

好涼快！
差點變煮熟的
荷包蛋了。

在太陽很大的時候，鳥爸媽也會把寶寶叫來，躲在自己的陰影下乘涼。

爸爸，
你不熱嗎？

敵人入侵時，住在附近的鳥爸媽還會一起合作，把敵人趕跑。

走開！

走開！

我只是路過，又沒要偷你們的蛋！

演技派，上場囉！

唉喲——
好痛好痛！

我的翅膀
受傷了！

快來啊！

換我來！

切……

天上的老鷹，請注意！請注意！

燕鴴受傷了！

燕鴴受傷了！

哈哈！這麼假……笨蛋才會上當……

別怕，我來啦！

刷

刷

Yes!

真的有笨蛋？

?

你被逮捕了，
羅賓漢先生……

警民合力，
真有力！

媽呀！真正的
老鷹來了！

我的辦案心得筆記

報案人：燕鴴

報案原因：田鼠羅賓漢破壞燕鴴保護幼鳥的行動

調查結果：

1. 「擬傷」是假裝受傷，引開天敵的行為。

2. 不只是燕鴴，許多住在空曠地區的鴴科、鷸科鳥類，都會「擬傷」，因為空曠的地方無處可躲，很容易被天敵發現。

3. 燕鴴爸媽「擬傷」時，是假裝受傷、引開猛禽遠離燕鴴的蛋或小寶寶；等猛禽真的飛下來攻擊時，再趕緊逃走。

4. 「擬傷」也有被捕食的風險，要有高超的飛行技巧，才有擬傷的本錢。

一切都是
因為愛

調查心得：

「危險動作，其他鳥類請勿模仿！」

預告謀殺案

咳咳，我是達克比！

啊～是 Honey 嗎？哈哈，對不起，我會乖乖準時……

待會兒五點半，在草葉西路與蜘蛛街交叉口……

！

我會被殺死！

什麼什麼……你是誰？

呼～還好！
還來得及……

這裡很平靜，
不像會發生
謀殺案啊……

大美女，
你別走！

?

啊，是奇異
跑蛛……

這禮物送你，請你
接受我的求婚！

奇異跑蛛小檔案

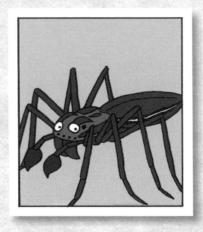

姓 名	奇異跑蛛
體 型	1～1.5公分。通常母蜘蛛比公蜘蛛大，但公蜘蛛的觸肢前端有膨大的構造，母蜘蛛則沒有。
分 布	亞洲北部及歐洲。喜歡居住在草原、荒地或樹林下方的草叢裡。
習 性	會在地面或低矮的草葉上捕捉昆蟲，但是捕食的時候不會結網。
特殊行為	公蜘蛛（上圖）會把抓來的昆蟲當做「結婚禮物」，來吸引母蜘蛛答應交配。

溫柔又恐怖的母蜘蛛

奇異跑蛛的母蜘蛛很特別，牠們面對公蜘蛛時是「恐怖情人」，隨時會在交配前或交配後，把自己的丈夫當做食物吃掉。但是對待孩子卻呵護備至，是標準的「溫柔媽媽」。

乖喔，媽媽保護你們！

奇異跑蛛媽媽會吐絲把卵包成大大的「卵囊」，抱在懷裡隨時保護。

卵囊，裡面包著數百顆卵。

不行喔，乖乖待在網裡才安全。

馬麻，我想出去玩！

蜘蛛網：母蜘蛛用蜘蛛絲打造「育嬰房」，讓小寶寶在裡面安全的出生、長大。

我求婚時，如果有陌生人在場，一定覺得很害羞，所以……

還是躲遠一點，別打擾人家。

可是……

預告的時間就要到了，哪裡會出現謀殺案呢？

5:20

好像聽到
什麼聲音……

吼～

快給我！

別……別這樣
對待我……

怎麼好像
打起來了？

嘻嘻，打是情，
罵是愛，就跟
阿美打我一樣……

咚

不妙，再這樣下
去，只會繼續被
攻擊，只好使出
B計畫。

奇異跑蛛的求婚計畫

　　有些人會認為，蜘蛛是種「無情無義」的生物。因為在母蜘蛛的眼裡，丈夫只是一種「食物」，在交配前或交配後，都有可能吃掉公蜘蛛。

　　但是，公蜘蛛也不是省油的燈。科學家曾在實驗觀察中發現：公的奇異跑蛛演化出兩套求婚計畫 ——「送禮」與「裝死」，讓公蛛被吃掉的機會大大降低到只有 4%。

　　其中，送禮是所有公蛛都會先進行的「A 計畫」，但是大約只有一半的公蛛能靠這個計畫就成功。

　　因此，送完禮之後，大約三分之一的公蛛還會繼續進行「B 計畫」—— 裝死；而且只要有裝死的，最後幾乎都成功了。

A計畫 送禮

公蜘蛛會先抓昆蟲,用蜘蛛絲纏好送給母蜘蛛吃,以吸引母蜘蛛同意與公蜘蛛交配。

真現實!
眼裡只有禮物,
沒有我!

不能怪我!我需要營養,才能生更多的蛋!

B計畫 裝死

如果母蜘蛛一直攻擊公蜘蛛,或是搶走禮物卻想離開時,公蜘蛛會抱住禮物「裝死」,使母蜘蛛停止攻擊,並且把禮物連同公蜘蛛拖到身邊。

唉喲~
我死了。

等母蛛專心吃東西時,公蜘蛛就會瞬間「復活」,趁機跟母蛛交配。

好吃!

嘿嘿,趁現在……

嗯嗯

趁她的嘴巴在忙，
沒空咬我的時候……

好吃，
好吃！

耶！
成功～

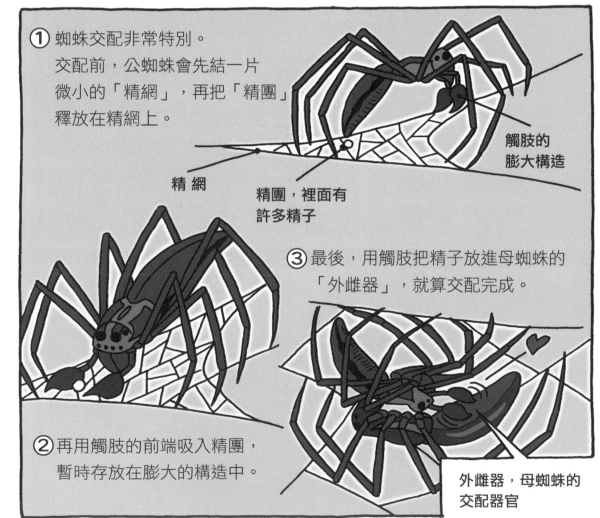

① 蜘蛛交配非常特別。
交配前，公蜘蛛會先結一片
微小的「精網」，再把「精團」
釋放在精網上。

觸肢的
膨大構造

精網

精團，裡面有
許多精子

③ 最後，用觸肢把精子放進母蜘蛛的
「外雌器」，就算交配完成。

② 再用觸肢的前端吸入精團，
暫時存放在膨大的構造中。

外雌器，母蜘蛛的
交配器官

這麼少?!
吃光啦!

怎麼吃
這麼快?!

那就
換吃你!

呲!

殺人啦!
救～命～

謀殺案竟然
是他們?!

5:30

吃縮小糖,
讓身體縮小

住手!
看我的!

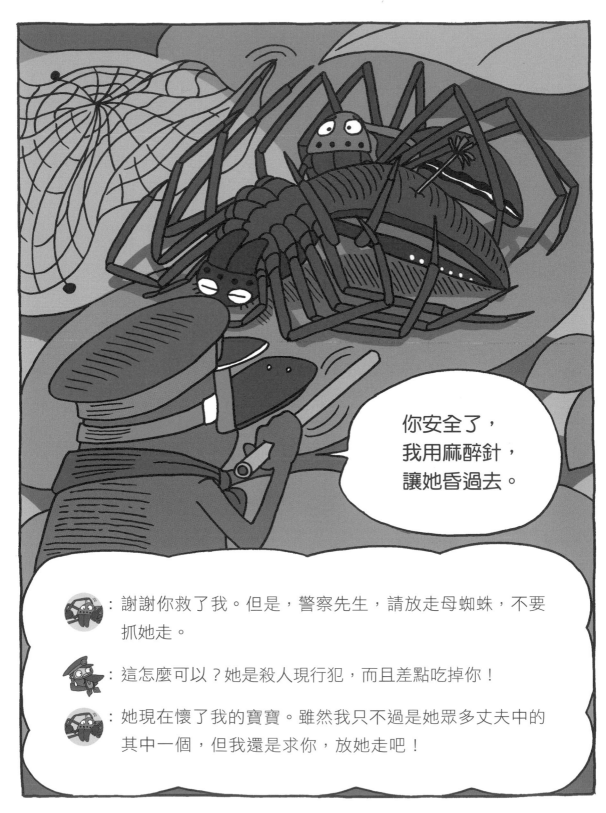

你安全了，
我用麻醉針，
讓她昏過去。

：謝謝你救了我。但是，警察先生，請放走母蜘蛛，不要抓她走。

：這怎麼可以？她是殺人現行犯，而且差點吃掉你！

：她現在懷了我的寶寶。雖然我只不過是她眾多丈夫中的其中一個，但我還是求你，放她走吧！

母蜘蛛的丈夫們

　　一隻母的奇異跑蛛會跟好幾隻公蛛交配，所以母蛛生出的小蜘蛛會來自好幾個不同的爸爸。

　　那麼，到底哪一個爸爸會有最多的小寶寶呢？

　　答案是──求婚時送禮最大方的公蜘蛛。送上越大隻昆蟲的公蜘蛛，母蜘蛛會同意與牠交配越久，所以能留下比較多的寶寶。

結婚條件：
豐盛的結婚禮物

送好禮，就能留下更多後代喔！

結婚禮物＝營養好吃的昆蟲

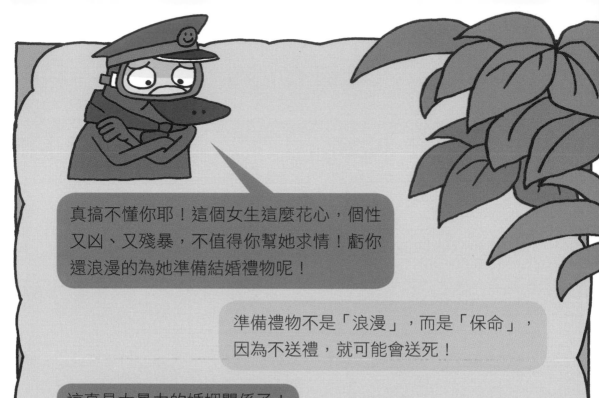

真搞不懂你耶！這個女生這麼花心，個性又凶、又殘暴，不值得你幫她求情！虧你還浪漫的為她準備結婚禮物呢！

準備禮物不是「浪漫」，而是「保命」，因為不送禮，就可能會送死！

這真是太暴力的婚姻關係了！

在我們蜘蛛的世界裡，雌性是把雄性當成「食物」，而不是談情說愛的對象。所以我們在求偶時送禮，一方面是為了像盾牌一樣，擋在前面來保護自己；另一方面則是「塞住」母蜘蛛的嘴，讓她忙著吃東西，沒空來吃我們，才能趁機把精子送進母蜘蛛體內。

為什麼要自討苦吃？不乾脆找個溫柔的女生，偏偏要愛凶巴巴的母蜘蛛呢？

：沒辦法。為了下一代，我們必須挑選身材強壯、攻擊性強的母蜘蛛。

：溫和一點的，有什麼不好？

：也不是不好。只是，攻擊性越強的母蜘蛛，越會到處捕捉獵物，把自己養得又大又重；而又大又重的母蜘蛛，會比溫和瘦弱的母蜘蛛，更會生蛋。

：解釋半天，你冒著生命危險跟凶巴巴的母蛛交配，就是為了留下更多後代，對吧？

是啊。所以這是我們自願的，不能怪母蜘蛛。

哼！從頭到尾一直幫她說話，還報案叫我來做什麼？

：對不起，別生氣！我當然還是想活下去，所以才會在準備求婚前，先打電話請警察現身保護我。因為我知道，「裝死」雖然能幫助我們靠近母蜘蛛，但是萬一失敗，就可能想跑也跑不了。

公蜘蛛不是每次都會裝死，不過當母蜘蛛想搶走禮物或不願意交配時，有些公蜘蛛就會試著用「裝死」的方法應對。

唉，男人就是命苦……

其實我跟你同病相憐，今天就算我幫你，算了吧！

阿……阿美，你怎麼來了？

跟我約會，竟敢遲到！！

哇，他女朋友的表情殺氣好重，真像母蜘蛛……

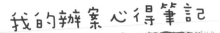

我的辦案心得筆記

報案人：奇異跑蛛先生

報案原因：害怕求偶時被母蜘蛛吃掉

調查結果：

1. 公的奇異跑蛛會用蜘蛛絲把昆蟲捆起來，當做結婚禮物，吸引母蜘蛛接受交配。

2. 母蜘蛛把公蜘蛛當做獵物，交配前後都可能吃掉公蜘蛛。

3. 公的奇異跑蛛會利用「裝死」，靠近母蜘蛛；再趁母蜘蛛吃禮物時，快速的完成交配。

4. 有些公的奇異跑蛛抓不到足夠的昆蟲時，會用植物種子包裝成假的禮物，欺騙母蜘蛛。

調查心得：

愛情不是是非題，不只圈圈與叉叉。
愛情像是DoReMi，有人高來有人低。

救救昏倒羊

昏倒羊小檔案

姓 名	昏倒羊
別 名	神經羊、木腳羊、田納西山羊、肌強直羊
分 布	起源自美國田納西州,目前大約只有三到五千頭,分布在各地的牧場或休閒農場,由人類飼養。
特 徵	眼睛外凸、耳朵朝兩側伸出。個性溫和、喜歡親近人。只要太過興奮(像是搶著吃飯或交配)或受到驚嚇,就會像「昏倒」一樣,突然四腳朝天、倒在地上;但是過了 10 ～ 15 秒後,就能恢復原狀。
犯罪嫌疑	預謀自殺

自殺也是一種犯罪！難道你都沒想到父母會有多傷心嗎？

爸爸和媽媽……

他們還不是一樣被欺負！

過馬路常常嚇得昏倒！

叭！

全家都被看笑話！

好像打保齡球，全倒，嘻嘻！

校長，
這孩子……

到底怎麼
回事？

 ：唉……小山羊是隻「昏倒羊」，整個家族都患有先天性的
「肌肉強直症」，這是基因遺傳，誰也改變不了。

 ：肌肉強直？聽起來跟昏倒沒什麼關係。

 ：當然有關。他們只要一受刺激，肌肉就會突然變得僵硬，
結果不是動彈不得，就是四腳朝天的倒在地上。僵硬的狀
況雖然每次只維持十秒，而且不會留下傷害；但是調皮的
同學就愛拿這個開玩笑，害小山羊常覺得被欺負。

：我才是真心想幫助你的人。你看，我跟你一樣是昏倒羊。
昏倒羊的痛苦，只有我才最清楚……

：真的嗎？你是誰？為什麼會來這裡？

：哈哈哈哈！我是「昏倒羊樂園」的創辦人，專門到世界各地，
解救像你這種被欺負的小昏倒羊。

：你要救我？可是我又不認識你！

：跟我走，很快我們就會變成好朋友。昏倒羊樂園是個好地方，
在那裡，大家會把你當明星，喜歡你、崇拜你……

這麼好，
為什麼呢？

因為踏進樂園的
遊客，都是真心
喜愛昏倒羊的人。

他們看到小羊昏倒，
就會感到莫名的
喜悅……

看他們，
我的工作
壓力都
消失了！

哇！
超可愛～

來！
自拍一下！

我們也學學無憂
無慮的昏倒吧！
一定很開心。

好啊！

耶？

咩
？

跟我去樂園，你會吸引很多粉絲，找到生命的意義和價值！

……

我們一起回去吧！

小山羊，快下來！

好，就這樣吧！

聰明的決定，哈哈哈哈……

我跟你去！

真的「昏倒」了嗎？

　　昏倒羊的「肌肉強直」症狀，看起來很滑稽，惹人發笑。

　　但其實，這是一種遺傳性的基因「疾病」，如果真的在大自然裡「昏倒」，很容易被天敵吃掉，非常可憐。

　　不只這樣，牠們發作倒地的時候，意識其實很清楚，看得見，也聽得到，沒有真正的暈過去，所以會活生生感覺到快被吃掉又不能逃走的恐懼。

　　通常，羊的肌肉必須收縮、放鬆、收縮、放鬆……輪流進行，才能正常的走路；但昏倒羊發作時，腿部的肌肉就像抽筋一樣，只能緊緊的收縮，不能放鬆，所以根本動彈不得，無法前進。

：嘘……嘘……停車！

：怎麼了？發現了什麼？

：警察先生！你覺得會不會就是這裡？

：遠遠看，我也覺得熱氣球是降落在這個大門裡面。可是招牌寫的是「快樂羊牧場」，不是「昏倒羊樂園」，跟那個駕熱氣球的說的不一樣。

：呼～風好大，有點冷。

：風把招牌吹掀了，你們看！

昏倒羊樂園！

孩子別怕，主任來帶你回家！

Wow！

我也來了！

呃，等我……

嘿嘿嘿嘿……

那個傻孩子還以為這裡真的是樂園……

別怪我。我只是學人類，把昏倒羊養在綿羊群裡……

咩 咩 咩

當野狼來吃羊的時候……

吼！

逃

咦？

咚

昏倒的昏倒羊會吸引狼去吃他，長著珍貴羊毛的綿羊，就有時間逃跑……

嘿嘿嘿！

謝謝你的犧牲！

人類為什麼要養「昏倒羊」？

　　在大自然裡，昏倒羊是一種基因突變的結果，牠們很容易被吃掉，不容易存活下來。現在會有「昏倒羊」，是受到人類飼養和保護的結果。

　　一八八〇年代，四隻「昏倒羊」被一個名叫約翰・庭思禮的加拿大人，帶進美國田納西州，受到許多牧場的歡迎。牧場主人利用昏倒羊當「誘餌」，保護比較值錢的綿羊（見上頁）。但是現在已經沒有人這麼做，反而把昏倒羊當做寵物，或是養在遊樂園中，讓遊客欣賞羊「昏倒」的有趣動作。

多虧這些傻傻被騙的小昏倒羊，我的牧場才能年年賺大錢。

有狼！

什麼……

竟然找到這裡來？

砰！

昏倒羊的「不倒」祕訣

只要耐心的面對問題，總有一天能找到解決辦法，這個道理，也能在昏倒羊的身上得到印證。

昏倒羊小的時候，只要一受驚嚇，就會全身僵硬、四腳朝天的跌倒在地。牠們無法控制自己在哪裡跌倒，所以，運氣不好的時候，還會不幸掉進水坑，或從很高的地方重重摔下來。

還好，當牠們慢慢長大，越來越有經驗以後，大部分還是可以從昏倒的經驗中，找到讓自己不會倒下的方法。

有些在發作時，會張開腳撐住，讓自己像桌子一樣，保持站立。

有些則是靠著旁邊的東西，等到身體恢復了，再趕快跑開。

很好，
撐住！

你好重！
該減肥囉！

現在知道怎麼做了嗎？

知道了！謝謝校長！

只要多多練習，以後就算發作也不會四腳朝天了……

小山羊你過來！

嚇

功課都沒寫！不要命了嗎？

你嚇到他啦！

沒倒？

1、2、3、4、5……

我的辦案心得筆記

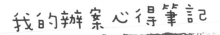

報案人：鵝主任

報案原因：小昏倒羊鬧自殺

調查結果：

1. 昏倒羊家族患有「先天性肌強直症」，只要受到驚嚇或太過興奮，肌肉就會僵直，無法走路甚至跌倒。大約十秒後就會恢復。

2. 昏倒羊只是「跌倒」，不是真的「昏倒」。他們並沒有失去意識。

3. 以前的牧場主人把昏倒羊混養在綿羊群裡，當野狼來吃羊時，就會攻擊因為驚嚇跌倒的昏倒羊，而放過長著高貴羊毛的綿羊。

4. 昏倒羊長大後，能學會不摔倒的方法，像是發作時張開腳撐住身體，或靠著旁邊的東西不讓自己倒下去。

調查心得：

事事想辦法，自殺不聰明。

小木屋派出所**新血召募**

想和動物警察達克比一起出任務嗎？來個理解力大考驗，測試自己的辦案能力吧！

拿出達克比辦案的精神，請找出下列題目的正確答案。

★注意，答案可能不只一項

1 小負鼠遇到哪些情況會裝死？

答：＿＿＿＿＿＿＿＿＿＿＿＿＿

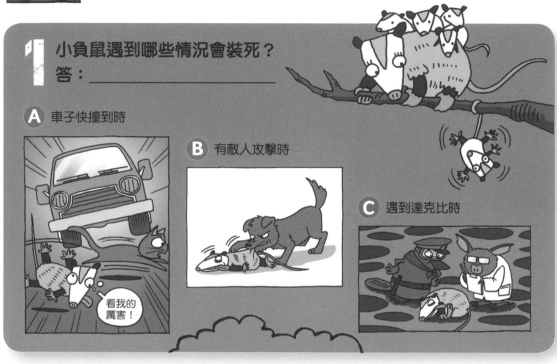

A 車子快撞到時

看我的厲害！

B 有敵人攻擊時

C 遇到達克比時

2 下列哪一項才是昏倒羊讓自己「不會倒」的祕訣？

答：＿＿＿＿＿＿＿＿＿＿＿＿＿

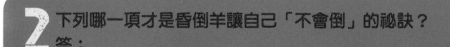

B 將昏倒的症狀傳染給別人，就不會倒了。

C 靠在身邊的東西，等到身體恢復再跑開。

A 請朋友拉住自己

你好重！該減肥囉！

3

燕鴴媽媽為什麼要假裝受傷？

答：＿＿＿＿＿＿＿＿＿＿＿＿＿＿＿

A 因為要跟鄰居比賽

我比較會演。

那裡，我才是！

B 想讓羅賓漢來救援

別怕！
我來了！

C 為了保護小寶寶

4

當公奇異跑蛛準備找母蜘蛛結婚時，會準備哪些求婚計畫呢？

答：＿＿＿＿＿＿＿＿＿＿＿＿＿＿＿

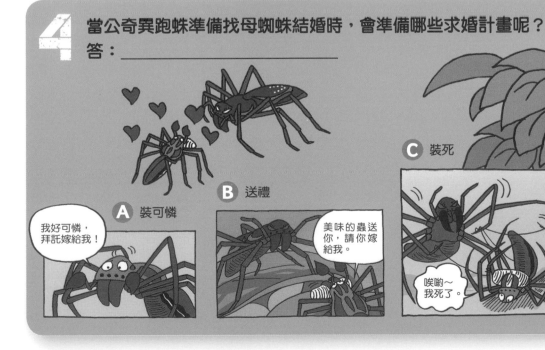

A 裝可憐

我好可憐，
拜託嫁給我！

B 送禮

美味的蟲送
你，請你嫁
給我。

C 裝死

唉呦～
我死了。

● 你答對幾題呢？來看看你的偵探功力等級

答對一題 ☺ 你沒讀熟，回去多讀幾遍啦！
答對兩題 ☺ 加油，你可以表現得更好。
答對三題 ☺ 不錯耶，可以去小木屋派出所實習。
答對四題 ☺ 太棒了，你可以跟達克比一起去辦案囉！

達克比辦案❺

救救昏倒羊

動物的假死和擬傷

作者｜胡妙芬
繪者｜彭永成
漫畫協力｜柯智元
責任編輯｜林欣靜
封面設計、美術編輯｜蕭雅慧
行銷企劃｜陳詩茵、劉盈萱

天下雜誌群創辦人｜殷允芃
董事長兼執行長｜何琦瑜
媒體暨產品事業群
總經理｜游玉雪
副總經理｜林彥傑
總編輯｜林欣靜
行銷總監｜林育菁
主編｜楊琇珊
版權主任｜何晨瑋、黃微真

出版者｜親子天下股份有限公司
地址｜台北市 104 建國北路一段 96 號 4 樓
電話｜（02）2509-2800　傳真｜（02）2509-2462
網址｜www.parenting.com.tw
讀者服務專線｜（02）2662-0332　週一～週五：09:00~17:30
讀者服務傳真｜（02）2662-6048
客服信箱｜parenting@cw.com.tw
法律顧問｜台英國際商務法律事務所‧羅明通律師
製版印刷｜中原造像股份有限公司
總經銷｜大和圖書有限公司　電話：（02）8990-2588

出版日期｜2017 年 1 月第一版第一次印行
　　　　　2024 年 7 月第一版第三十五次印行
定價｜299 元
書號｜BKKKC058P
ISBN｜978-986-93918-3-2（平裝）

訂購服務：
親子天下 Shopping｜shopping.parenting.com.tw
海外‧大量訂購｜parenting@cw.com.tw
書香花園｜台北市建國北路二段 6 巷 11 號
　　　　　電話（02）2506-1635
劃撥帳號｜50331356 親子天下股份有限公司

國家圖書館出版品預行編目（CIP）資料

達克比辦案 5, 救救昏倒羊：動物的假死
和擬傷 / 胡妙芬文；彭永成圖. -- 第一版.
-- 臺北市：天下雜誌, 2017.01
　　136 面；17×23　公分
ISBN 978-986-93918-3-2（平裝）

1. 生命科學　2. 漫畫
360　　　　　　　　　　105022690